Radiestesia Avançada
Ensaio de física vibratória

António Rodrigues

Radiestesia Avançada
Ensaio de física vibratória

ALFABETO

Copyright © 2012 Editora Alfabeto
Todos os direitos reservados

Direção Editorial: Edmilson Duran
Produção Editorial: Edmilson Duran
Revisão: Luis Fernando Perez
Diagramação: Décio Lopes

DADOS INTERNACIONAIS DE CATALOGAÇÃO NA PUBLICAÇÃO (CIP)

Rodrigues, António

Radiestesia Avançada / António Rodrigues – 6ª Edição – São Paulo, Editora Alfabeto, 2025.

ISBN 978-85-98736-44-0

1. Medicina alternativa 2. Radiestesia 3. Radiônica I. Título

Todos os direitos reservados e protegidos pela (Lei nº 9.610 de 19/02/1998). Nenhuma parte desta obra pode ser utilizada ou reproduzida – em qualquer meio ou forma, seja mecânico ou eletrônico, fotocópia, gravação, etc. – nem apropriada ou estocada em sistema de banco de dados sem a expressa autorização por escrito da Editora Alfabeto.

www.editoraalfabeto.com.br

EDITORA ALFABETO
Rua Ângela Tomé, 109 - Rudge Ramos | CEP: 09624-070
São Bernardo do Campo/SP | Tel: (11)2351.4168
editorial@editoraalfabeto.com.br

Sumário

Radiestesia
Rumo a uma nova física

Introdução 9

Capítulo I 11
A radiestesia e uma nova física
    Breve histórico das "Ondas de Forma"
        Enel
        Chaumery/Bélizal
        Os Servranx
        Jean de La Foye
        Jacques Ravatin
        As fantasias de Bélizal

Capítulo II 25
A-Física, a teoria completa
    Uma nova estrutura
    Massa crítica
    Potência
    Harmônicas sem frequência
    Ciclo de emissão
    Objetos
    O ponto de vista do operador
    Síntese

Capítulo III 41
    Para que lado fica o norte?
    A ironia cruel dos erros induzidos por uma falsa lógica
    O buzílis da questão
    Pequeno artigo de Jean de La Foye
    O espectro das EDF
    Os dois conceitos clássicos e as detecções em radiestesia
    À guisa de conclusão

Introdução

Desde sua apresentação por Enel em 1928, a possibilidade das "Ondas de Forma" já consumiu muitas horas de sono a alguns pesquisadores. Também a nós este fenômeno nos seduz por suas múltiplas características, nomeadamente a possibilidade de envio de influências a distância via o... (ver Capítulo III – O busílis da questão).

Porém esta é uma área desconfortável porque nos encontramos entre o axioma do cético e o do crédulo.

Dubito ergo sum
Segundo o cientista Carl Sagan, "alegações extraordinárias demandam evidências extraordinárias". Uma certa ciência oficial é engraçada, não reconhece o fenômeno da emissão a distância. – Isso não existe!, mas acreditam no Bóson de Wiggs, nunca visto, e em outras variantes quânticas.

Infelizmente, as provas da existência destas energias são até hoje de caráter subjetivo, exceção feita aos eventos produzidos pelas réplicas da grande pirâmide: mumificação de carne, alteração do leite e aumento da taxa de germinação de sementes.

Nós, no entanto, feitos caçadores de dragões, perseguimos nossa quimera na qual todas as hipóteses teóricas estão no campo da especulação. De tanto insistir criamos o axioma particular da teoria das Emergências Devidas a Genitores.

Pretendemos que este seja nosso trabalho definitivo sobre o assunto. Nossa pesquisa nos levou ao desenvolvimento de mais alguns conceitos nos quais acreditamos que "fechamos" a teoria das Emergências Devidas a Genitores Variados.

Capítulo I

A radiestesia e uma nova física

Este ensaio se propõe a dar continuidade ao capítulo II de nosso livro publicado em 2010, *Radiestesia Ciência e Magia*, denominado A-Física, e que trata da física das energias de baixo potencial ou Física Microvibratória, dentro do universo que os pesquisadores clássicos chamaram de "Ondas de Forma".

A expressão Radiestesia designa estritamente um conjunto de técnicas para promover, via o psiquismo humano, análises, diagnósticos *in loco* ou a distância, fazendo uso de instrumentos simples, pêndulos comuns e varetas, por vezes singulares, outras vezes com formas capazes de serem determinantes para a obtenção do resultado, como os pêndulos técnicos e réguas ou biômetros. Todas as demais atividades têm nomes específicos: radiônica, psicotrônica, psiônica, gráficos radiestésicos e Emergências Devidas a Genitores Variados, que é o tema deste nosso ensaio.

Impossíveis de serem detectadas por instrumentos comuns da física, estas energias se manifestam num espectro só detectável por meio da sensibilidade própria do psiquismo humano, por pessoas treinadas ou então dotadas de habilidade natural.

Breve histórico das "Ondas de Forma"

Enel

O pesquisador de origem russa Michel Vladimirovitch Skariatine (1883- 1963) (Fig. 1), conhecido pelo pseudônimo de Enel, durante sua estada no Egito (1908), percebeu as diferenças energéticas entre a grande pirâmide e as demais. Intuindo que as diferenças eram em função da forma, chamou a isso de "Ondas de Forma" (colocado entre aspas como modo de assinalar o conceito hoje em desuso).

Fig. 1 - Enel

Enel saiu do Egito por volta de 1923 e passou uma temporada em Paris, mais tarde se estabeleceu definitivamente perto de Montreux, na Suíça. Em 1928, publicou um primeiro trabalho intitulado *Primeiros Passos em Radiestesia Terapêutica* em que esboça uma teoria para o que chama de "Radiestesia de Ondas de Forma" e definiu seu espectro vibratório baseado no espectro cromático de Newton, dividido em cores ácidas e básicas:

Cores positivas ou ácidas	Cores negativas ou básicas
Vermelho	Azul
Laranja	Índigo
Amarelo	Violeta
Infravermelho	Ultravioleta
Preto	Branco

Como podemos ver, não incluiu os dois "Verdes". Esta divisão se fazia na vertical com as cores ácidas à esquerda e as básicas à direita (Fig. 2).

Mais tarde, esta conceituação se mostrou errada.

Em 1959, Enel publicou *Radiações de Forma e Câncer*, abordando a temática de sua atividade profissional na qual encontramos a interessante descoberta sobre a vibração em "Ondas de Forma" própria para tratar câncer, ela se situa a 6° 15´ do V-, batizada de Raio PI.

Fig. 2 - O espectro segundo Enel

Chaumery/Bélizal

Depois de uma visita ao Egito e alguns anos de pesquisa, a dupla Chaumery/Bélizal (Fig. 3) publicou em 1939 o *Tratado Experimental de Física Radiestésica*. Imediatamente no primeiro capítulo, descreveu a análise das energias presentes sobre uma esfera, o que tem como resultado a descoberta do chamado Espectro de Ondas de Forma no qual a radiestesia ficou circunscrita ao papel de técnica de análise. É a cisão entre a radiestesia tradicional e uma nova física, de energias de muito baixo potencial, que não obstante podem produzir efeitos em longo prazo, quer nos ambientes, quer nos seres vivos que aí habitam – casa/trabalho.

Fig. 3 - Bélizal

Por sua importância, o *Tratado Experimental* tornou-se o primeiro livro fundamental para o estudo das "Ondas de Forma" - algumas de suas propostas permanecem intocadas até hoje. É admirável a qualidade destes dois pesquisadores. Só para relembrar e colocar os pontos nos is, vamos enumerar as características do espectro cromático:

1. A escolha dos mesmos nomes do espectro cromático de Newton não é das mais felizes e, ao longo destes setenta anos, tem provocado um sem-número de dificuldades de compreensão para os neófitos, isto independentemente de haver certa analogia entre as emergências e as cores. Um dos pêndulos da dupla, o Cone Virtual, com o auxílio de três nós de suspensão, permite a detecção de emissões em biometria, em "Ondas de Forma" e em cores físicas, tudo isso usando a mesma escala cromática.

Que fique claro que as chamadas "Ondas de forma" não são cores, não são ondas, são emissões com algumas características análogas às cores, portanto detectáveis usando estas referências.

2. A divisão da esfera por meio de dois meridianos e um equador foi muito feliz porque, para além de ter cortado o sólido nos três planos X, Y e Z, teve como efeito colateral a semelhança com o planeta, o que facilitou a compreensão do fenômeno.

3. Descobriram que nos dois meridianos estava presente o mesmo conjunto de energias, apresentando, contudo, uma rotação de 90°.
4. É muito claro pelo resultado final da pesquisa que a dupla acreditava que estava trabalhando com algo semelhante ao espectro eletromagnético comum. Por isso, ao atribuírem a cada um dos meridianos opostos fases diferentes, chamaram estas fases de "elétrica e magnética", o que foi uma infelicidade e está na origem da má-interpretação pelos menos avisados. Até La Foye discordou disso.

A alquimia foi pródiga no uso de expressões que geraram equívocos, tais como sal, mercúrio e enxofre, produtos que nunca entraram na composição do ministério, eram usados por analogia com outros, estes sim de uso confirmado.

5. Definiram o equador como eletromagnético pelo fato de as duas fases se encontrarem aí intimamente interligadas.

6. No hemisfério superior sobre o meridiano classificado como elétrico, perceberam sete emissões, ordenadas da esquerda para a direita como:

Vermelho, Laranja, Amarelo, Verde, Azul, Índigo, Violeta.

Por se apresentarem na mesma ordem do espectro luminoso, eles as classificaram como as 7 cores do espectro visível, continuando desta forma a aumentar o equívoco do nome.

7. No hemisfério inferior, detectaram então 5 energias, que por sua parcial desordem cromática foram chamadas de as 5 cores do espectro invisível.

Mais uma vez da esquerda para a direita:

Infravermelho, Preto, "Verde negativo", Branco, Ultravioleta.

8. Logo no início da pesquisa,detectaram no que seria o polo norte da esfera uma emissão que podia ser sintonizada por meio de um testemunho ou pêndulo pintado na cor Verde.

9. No polo oposto, o polo sul, foi detectada uma forte emissão que não apresentava sintonia com nenhuma cor e tinha o poder de induzir o giro anti-horário num pêndulo neutro. Por se encontrar no ponto oposto da primeira energia encontrada, a de cor Verde foi batizada de Verde Negativo e o Verde no polo norte renomeado para Verde Positivo.

Esta foi a pior das escolhas, os nomes positivo e negativo induzem a um atributo qualificatório de bom e mau. Estes pequenos deslizes tiveram como resultado a dificuldade de entendimento do espectro pelos iniciantes.

10. A esfera original sobre seu pedestal, devidamente assinalada nos três planos, apresentava polaridades diferentes (positiva e negativa) em cada um de seus elementos (Fig. 4).

11. O Verde + detecta o verdadeiro magnético e o Verde - detecta o verdadeiro elétrico.

12. O resultado final toma o nome de "Espectro de Ondas de Forma" ou ainda "Equador Chaumery/Bélizal".

Para que o leitor possa perceber o vulto dessa investigação, vamos listar as criações expostas na ordem do livro:

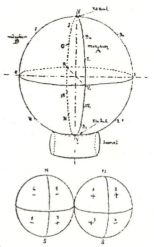

Fig. 4 - Primeiras descobertas sobre o espectro de O.F.

Análise da esfera;
Pêndulo universal;
Análise da semiesfera e Pilha radiestésica;
Acumulador radiestésico;
Pêndulo Baguá;
Pêndulo Ying Yang;
Pêndulo neutro;
Pêndulo a cone virtual;
Pêndulo com discos;
Pêndulo Ilha de Páscoa;
Escargot;
Régua de pesquisa de ondas;
Pêndulo lunar.

- De bom tamanho para quem estava começando...

Em 1956, um ano antes da morte de Chaumery, o primeiro livro revisado e aumentado é reeditado sob um novo nome: *Ensaio de Radiestesia Vibratória*. O que já era bom ficou melhor ainda. Eliminaram todos os instrumentos difíceis. Irretocável. Não obstante falaremos mais para frente de umas coisinhas...

André de Bélizal, com o auxílio do engenheiro P.A. Morel, publicou em 1965 *Física Microvibratória e Forças Invisíveis*, até então o maior trabalho sobre o assunto e que após algumas dezenas de anos continua essencial. Segundo livro fundamental para o estudo das "Ondas de Forma", algumas de suas propostas permanecem intocadas até hoje. Vale a pena referenciar a Bomba C30, o maior e mais poderoso instrumento de "Ondas de Forma" já construído. Encontramos ainda no livro e pela ordem os seguintes instrumentos:
   Emissor a ondas de choque;
   Pêndulo Universal, mais detalhado;
   Pêndulo a cone virtual, mais detalhado;
   Pêndulo IV-UV;
   Pêndulo Egípcio;
   Escargot-seletor;
   Régua biométrica;
   Reequilibrador Luxor;
   Neutralizador-compensador a pilha.

O sistema de medidas descoberto por estes dois pesquisadores é utilizado desde então sem alterações, apenas com algumas adições promovidas por Jean de La Foye.

Os Servranx
   Dois irmãos belgas, Jean-Louis-Félix e Guillaume-Jean Servranx, publicitários (Fig. 5), produziram ao longo de 25 anos um volumoso trabalho publicado em

Fig. 5 - Os Servranx

Radiestesia Avançada - Ensaio de física vibratória 17

Fig. 6 - O periódico Exdocin   Fig. 7 - A Radiestesia para todos

dois veículos: no EXDOCIN (Experiências, Documentação e Informação) de 1942 a 1967, (Fig. 6), que também abordava os temas da radiônica, do magnetismo humano, do hipnotismo etc., e na revista A Radiestesia para Todos de 1946 a 1957 (Fig. 7), porém com um conteúdo mais centrado nas variantes da radiestesia, confecção de gráficos, obtenção de testemunhos, gráficos seletores de eventos. O que resultou num conjunto de novidades para a prática, sem contudo atingirem a dimensão do trabalho de Bélizal e Cia. Boa parte dos gráficos radiestésicos hoje em uso e suas variantes viram a luz do dia nas publicações dos Servranx, o mais famoso o Decágono.

Jean de La Foye

Engenheiro e aluno de Bélizal, Jean de La Foye lançou em 1975 *Ondas de Vida, Ondas de Morte*, trabalho extraordinário, com um enfoque totalmente novo, com um corpo teórico significativo, recheado com novos instrumentos, pêndulos cromáticos, emissores de "Ondas de Forma". Terceiro livro indispensável para o conhecimento das "Ondas de Forma"

Uma nova radiestesia: a hoje batizada de Radiestesia Cabalística, por Jacques La Maya, o que induziu a erros de conceito. É bom dizer que o mesmo La Maya classificou as "Ondas de Forma" de boas ou más ou benéficas ou maléficas. Nada de mais errado. Este clássico é um livro árduo para o leitor, La Foye não se mostra muito preocupado com a didática, passando por cima de certos tópicos, em alguns momentos não fornecendo a mínima explicação.

Fig. 8 - Pêndulo Equatorial Unidade

Infelizmente, não dispomos de nenhuma informação biográfica sobre La Foye, apenas a data de sua morte, 1982.

Algumas de suas criações tornaram-se instrumentos obrigatórios para a prática da radiestesia. Seu Pêndulo Equatorial "Unidade" substitui com vantagem todos os pêndulos cromáticos, pela facilidade de uso. Aprender a usar um pêndulo cromático requer aplicação e a quantidade de erros no início é desanimadora. Mas reafirmo: este é o mais fácil, além de responder a cada uma das fases (Fig. 8).

Temos ainda pêndulo neutro, pêndulos hebraicos, pêndulos de polaridade, disco equatorial, os três níveis, campo vital, espectro diferenciado etc.

Pesquisando certa emergência, La Foye percebeu que esta era desviada por um prisma de madeira, a faixa desviada era detectada com o pêndulo hebraico portando a palavra A Terra, chamou a isto de Nível Físico. O restante da emergência atravessava o prisma e uma faixa era detida pelo testemunho de um ser vivo, animal ou planta, a detecção se fazia possível por meio do pêndulo agora com a palavra Sopro de Vida e tomou o nome de Nível Vital. Uma terceira parte desta emissão só era detida pelo testemunho de um ser humano, o que era detectável com um pêndulo com a palavra hebraica Espírito, e foi chamado de Nível Espiritual. Estes são os três níveis das emergências devidas às formas.

No meio dessa capa preta do original francês, há com que se divertir e quebrar a cabeça...

Em 1977, La Foye publicou na editora de Jacques Bersez *Introdução ao Estudo das Ondas de Forma*, (Fig. 9), pequeno trabalho claramente produzido com as sobras do *Ondas*, mas, vindo do mestre, indispensável.

Fig. 9 - Livro raro de la Foye

No final deste livro, no Anexo II, lemos o seguinte:

"Devemos mudar a nomenclatura das ondas de forma? As cores já têm um passado e muitos de nós estamos habituados a isso. Que as abandonemos ou que as guardemos não tem uma importância capital no momento em que as ondas de forma são fixadas de uma maneira precisa num disco de 0° a 360°.

Mais grave é a questão das palavras "Magnético" e "Elétrico" que se prestam à confusão com os verdadeiros elétrico e magnético. Mas, de fato, a palavra está com os usuários."

Aproveitamos a oportunidade para dizer que pensamos o mesmo a respeito da expressão "Radiestesia", que na realidade é mais do que sensibilidade às radiações, trata-se do diálogo interno do operador entre a mente inconsciente e a consciente subordinadas a quatro das cinco regras do ato "radiestésico" (está precisando de um nome novo).

Quanto às "Ondas de Forma", Ravatin já corrigiu a expressão e nós a levamos a uma definição que consideramos definitiva: Emergências Devidas à (Forma, Indução, Reação ou Psiquismo).

Infelizmente,de 1975 para hoje, vimos o corpo cultural dessa obra ser transformado numa disciplina menor, isto perpetrado pelo baixo clero da radiestesia, cujos limites culturais não permitem desfrutar do todo do trabalho de La Foye.

Sendo o Brasil um país com fortes pendores místicos, vemos os menos advertidos interpretarem a radiestesia com "Pêndulos Hebraicos" como uma porta de acesso ao conhecimento da Cabala Hebraica. Gostaríamos de reiterar que o uso do hebraico por La Foye está absolutamente restrito às "Ondas de Forma", que La Foye era católico convicto e temente a tudo não aceito pela religião professada.

Jacques Ravatin

Nos anos 70, Jacques Ravatin (Fig. 10) assistiu a uma entrevista na televisão com Roger de Lafforest, o qual falava sobre pesquisas com "Ondas de Forma" e os efeitos insólitos sobre os seres vivos. Lafforest também fazia alusão a algumas pesquisas de Ravatin que seriam suscetíveis de esclarecer alguns pontos sobre as ditas "Ondas". Ravatin o procurou e desta forma teve conhecimento dos trabalhos de Enel, Turenne, Bélizal etc. Ravatin, que era matemático desde 1976, fomentava grupos de pesquisa que acabariam por formar o corpo da futura Fundação Ark`All. Este grupo teve a colaboração de algumas das mais significativas figuras da cultura francesa. Desde o início foi propósito deste grupo produzir pesquisa distanciada do racionalismo da cultura cartesiana e aristotélica.

Fig. 10 - Jacques Ravatin

O trabalho desenvolvido por Ravatin e outros membros da fundação foi exposto primeiro em 1985 sob o pseudônimo de Vladimir Rosgnilk com o título *A Emergência do Enel ou a Imergência das Referências*. Mais tarde, em colaboração com Anne Marie Branca, Ravatin publicou um copydesk final com o nome *Teoria das Formas e dos Campos de Coerência*. Trabalho de vulto, de perfil acadêmico, complexo, recheado com dezenas de novos conceitos sobre uma física que se pretende elaborada sob uma visão não cartesiana e não aristotélica.

O *Imergência das Referências* aumentou os conceitos já estabelecidos pelos clássicos com uma miríade de novas propostas.
- Contudo algo nos estranha. Sabemos que Ravatin fez uso da radiestesia na detecção dos fenômenos e energias sob análise, mas em nenhum momento ao longo de 700 páginas é indicada alguma técnica de análise e o método para obter a nova informação, o que impossibilita o leitor de experimentar e acompanhar melhor o raciocínio. Segundo relato de um amigo, Ravatin começou a usar o pêndulo durante um mês de férias e desenvolveu uma grande intuição. Não conhecendo o hebraico, ele podia verificar a qualidade de uma palavra como Bereschit e sua ortografia exata. Também tinha por hábito analisar as possibilidades das montagens que construía graças ao pêndulo, o que permitia uma boa economia de dinheiro. Sabemos que ele desenvolveu vários instrumentos, pois seus pedidos de patente estão na Internet e que testou os clássicos de Bélizal/La Foye, contudo mais uma vez não faz a menor alusão a isso. Como resultado prático da pesquisa, ele nos apresenta a espiral Idalab, forma harmonizadora do espaço com o ser vivo.

Somos levados a crer que as omissões são propositais visando objetivar os cursos como forma de ensino e opção financeira.

É bom esclarecer que "Forma" para Ravatin não está restrita ao objeto bi ou tridimensional.

Devemos dizer aqui que Ravatin foi para nós uma fonte inspiradora, mas ao contrário dele, por força da vontade, mantivemo-nos estritamente dentro do campo de pesquisa, motivo deste ensaio.

As fantasias de Bélizal

Os mais apressados se dirão: – Vejam só, agora ele vai criticar o Bélizal.

A nossa admiração pelo mestre é total, mas é bom manter sempre um olhar crítico. E após a primeira leitura começamos a perceber que Bélizal nos brindou com um bom número de fantasias:

1) Aventou a teoria de que o mar já tinha estado nos Andes a mil metros de altura baseado na descoberta de fósseis marinhos a essa altura. A opção correta é a do deslocamento das placas tectônicas.

2) Que os egípcios praticaram radiestesia e que o conhecido amuleto Ouadj (Fig. 11) era originalmente um pêndulo.

3) Que sob as mãos cruzadas das múmias eram colocados venenos para contaminar os violadores de tumbas.

4) Batizou o anel de grés encontrado em Luxor de Anel Atlante, o que ainda hoje agrada os esotéricos de plantão. Bah!

5) Foi mais longe. Após uma aparição de Roger de Lafforest na TV, Bélizal entrou em contato com este e afirmou que a maldição do faraó não se tinha abatido sobre Howard Carter porque este usava certo anel de cerâmica. Acontece que o dito anel estava na França desde 1860, portanto não poderia estar no Egito em 1922, data da abertura do túmulo de Tutankhamon. E em nenhuma das fotos de Carter este aparece com algum anel.

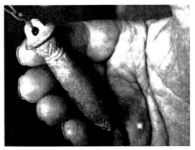

Fig. 11 - Original do Pêndulo Egípcio

Nada na mão direita (Fig. 12). Nada na mão esquerda (Fig. 13)
E o anel é grandão... (Fig. 14)

Isto contribuiu para espalhar a fama do anel proteger contra más energias. Bom... há quem use a pulseira de plástico Power Balance e sente-se melhor, o que dirá com uma réplica de anel egípcio...

6) Que os marinheiros egípcios se orientavam no Mediterrâneo com o uso de três réplicas das pirâmides, cuja radiação cromática lhes apontava o caminho de casa.
A opção correta é orientação pelas estrelas.

Radiestesia Avançada - Ensaio de física vibratória 23

Fig. 12 - Howard Carter

Fig. 13 - Howard Carter

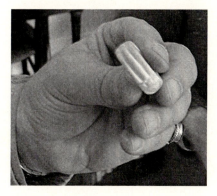

Fig. 14 - Original do Anel Atlante

7) A produção de radiodermias provocadas pela emissão de seus aparelhos baseados nas pilhas radiestésicas e interferência das radiações sobre aparelhos elétricos (fato não comprovado).

8) Orações como método de reequilíbrio em geobiologia, para correção de emissões telúricas. – Prudência velhinho!

9) Um móvel egípcio como aparelho emissor de "ondas". O fato de emitir neste aspecto pouco significa porque qualquer móvel semelhante emitirá também alguma "onda de forma".

O móvel poderia ser um suporte para bacia para lavar as mãos.

10) Que os Moais, estátuas que margeiam a costa da ilha de Páscoa, pelo fato de emitirem em V- na altura da boca, teriam como função impedir a invasão de estranhos na ilha, desta forma estariam os habitantes protegidos.

Não obstante o V- não impede o forte turismo de hoje na ilha!

11) A existência de grandes artérias de água que correriam a partir de 180 metros de profundidade, inesgotáveis, atravessando continentes, países. A realidade geológica é bem diferente e todos os depósitos naturais de água são finitos.

Contudo estas fantasias não diminuem em nada todo o resto do corpo de pesquisa inédita dos dois títulos publicados por Bélizal, apenas recomendamos prudência e a necessidade de não "comprar" o prato feito, de testar cada uma das propostas. Foi o que fizemos com o Pêndulo Universal e com o Cone Virtual, conseguindo melhorar os dois instrumentos.

Capítulo II

A-Física

Uma nova estrutura

Desde 1990, data em que demos início à pesquisa das energias mensuráveis com pêndulos com palavras em hebraico, que sentíamos certa estranheza em constatar que os mais variados fenômenos eram chamados genericamente de "Ondas de Formas", tratando-se do espectro gerado pela arquitetura de uma casa ou de uma emissão telúrica qualquer, ou ainda memória das paredes de origem metafísica.

Fatores geradores de uma "Onda de Forma"
1º Campo de energia em estado difuso.
2º Gravidade terrestre.
3º Um interceptor bi ou tridimensional. O interceptor tornará uma parte da energia no estado difuso em energia em estado coerente, orientada segundo a direção do interceptor. Em outras palavras, transformação do estado potencial para o estado dinâmico. O interceptor gerará um fluxo com fases, níveis e polaridades.

As "Ondas de Forma" podem ser detectadas *in loco* ou a distância.

A forma pode ser o gatilho dos eventos. Os agentes estão presentes sempre, ou seja, a gravidade, o magnetismo terrestre e o Ether veículo do fluxo do evento – sobre este conceito ver mais adiante em "Capítulo III – O busílis da questão"; neste conjunto, apenas falta a interseção da forma que age como gatilho do evento.

- A maioria das formas tem certa configuração energética no estado potencial, algumas vezes sua passagem para o estado dinâmico provoca desequilíbrios locais.

Enel, Chaumery, Belizal e mais tarde os irmãos Servranx, Morel, Turenne, Laforrest, La Foye adotaram essa denominação. O grupo Totaris, predecessor da Ark'All, propôs emissões de forma porque tinham percebido que não se encontravam frente a ondas, e sim a outra coisa. J. Gattino corrigiu para Emissões Devidas às Formas, Jean Pagot adotou Emissões de Forma, Ravatin ampliou o conceito para Eifs. Finalmente, nós propomos Emergências Devidas a Genitores Variados.

O elemento indutor (genitor) de eventos produz emergências assim classificadas:
EDF = Emergências devidas às formas podem ter origem em formas geométricas, formas variadas, volumes e arranjos de diferentes volumes.
EDI = Emergências devidas à indução podem ter origem em luz e som, magnetismo terrestre, magnetismo artificial, eletricidade natural, eletricidade artificial, movimento.
EDR = Emergências devidas à reação podem ter origem em reações químicas, energia calórica.
EDP = Emergências devidas ao psiquismo podem ter sua origem na atividade psíquica em geral, humana ou astral, em fenômenos metafísicos.
EDX = Qualquer um dos quatro genitores (Forma, Indução, Reação, Psiquismo).

Portanto não existem "Ondas de Forma" nem "Campo de Forma". Existem emergências que são eventos energéticos de baixo potencial com as características do gatilho ou genitor, pela forma, pelo psiquismo etc., e o campo onde se processam ou ocorrem é o... (ver Capítulo III – O busílis da questão). Algumas emergências se sobrepõem e se entrecruzam dentro desse campo.

Os fenômenos telúricos geram emergências pela forma, pela indução e pela reação, algumas vezes em conjunto.

Um violino tocando emite duas emergências, a produzida pela forma do violino, maior quando vibrado, e a do som produzido.

O campo vital não se manifesta só sobre sistemas orgânicos, ele aparece também, por exemplo, em instrumentos musicais, em gráficos La Foye com furos, em alguns móveis chineses etc.

Os fenômenos detectados com pêndulos hebraicos, tais como o K Sh Ph e que não tenham origem nas formas, podem ser definidos como "Estados"; as regras anteriores não são aplicáveis.

Uma emissão produzida por um anel ou broche ornado, não geométrico, é um Estado; já o originado por um medalhão geométrico é uma EDF.

Nas emergências devidas à forma, a gravidade terrestre tem um papel decisivo. A direção de emissão das EDF é a norte-sul de acordo com o fluxo magnético terrestre.

As emergências devidas à forma, segundo as pesquisas de Chaumery-Bélizal-Morel-La Foye, apresentam as seguintes características:

12 "cores" ou vibrações padrão;
2 fases (uma elétrica outra magnética) ou 1 fase eletromagnética;
2 polaridades (+ e -);
3 níveis (estados cavalgando a emergência);

O Verde Negativo é, na maioria das vezes, V-e.

Na região entre o preto e o branco do espectro clássico, estão presentes mais algumas vibrações, identificadas por Bélizal.

Os estados podem apresentar uma ou mais cores do estado, normalmente como resultado de um desequilíbrio, portanto essas cores se apresentam em fase elétrica.

Estados não apresentam o espectro total.

Deslocalização: ausência de referências.
As EDX apresentam uma ou mais cores do espectro.
Níveis são Estados, são emissões de muito baixo potencial, são envelopes de EDX.

Para as (EDF, EDI e EDR), o fenômeno só se projeta do estado potencial para o estado dinâmico a partir de um certo volume.

Considerar que as 12 cores do espectro de "Ondas de Forma" são 12 emergências (EDF).
As emergências para serem detectáveis precisam ter suas referências bem localizadas. Nas emergências psi, as referências podem não ser detectáveis – as EDP são uma porção do mundo não cartesiano.

Referências: presença detectável das características de uma emergência. Uma referência é uma localização. As referências podem se encontrar presentes, em fuga ou ausentes.

Nas mensurações sobre as EDP, a presença do pesquisador pode alterar os resultados pesquisados e não há como medir os efeitos de um fenômeno interferente; só o psiquismo altamente treinado pode escapar dessas condicionantes. É um caso típico de referências em fuga, bem diferentes das medições sobre outras emergências.

As referências das EDP podem estar localizadas numa egrégora, forma de pensamento voluntária ou não, ou arquetípica, só o conhecimento do mito permite a pesquisa.

Emissões K Sh Ph (Magia) produzidas por formas podem ser ou não EDX; emissões K Sh Ph produzidas por atos mágicos não são EDX, são Estados.

Pode ocorrer a intercessão energética de EDX e Estados, por isso detectáveis com o mesmo instrumento.

Em alguns eventos provavelmente não detectemos a emergência em si, e sim o efeito produzido no veículo.

Chamamos a atenção do leitor para os perigos envolvidos com a detecção de EDP, aqui não se trata de uma fantasia de esotérico, mas de uma realidade que transcende a compreensão e percepção humanas, e que só um psiquismo treinado e com conhecimento sobre o assunto pode transitar com alguma segurança. Logo na introdução do Ondas, La Foye diz: "O pêndulo não pode fazer tudo, nem resolver tudo e – excluindo faculdades excepcionais bastante raras – não é muito seguro empregá-lo fora de sua própria atividade profissional que permite controles".

Massa Crítica
Volume ou quantidade mínima de material ou energia para que certo fenômeno possa ocorrer.

Por exemplo, em EDF num gráfico menor que 15x15 cm (aprox.) a emissão é limitada ao estado potencial. Só o aumento da dimensão permitirá a passagem para o estado dinâmico. Também é necessária uma certa dimensão, por exemplo, para que um eletroímã produza uma emergência, o mesmo para EDR, em que a chama de um palito de fósforo não basta para que ocorra uma emergência clara.

Potência
Por que dizemos que a gravidade terrestre está envolvida no fenômeno das "Ondas de Forma"? Por causa da massa: instrumentos maiores têm potência maior. Em virtude disso constatamos a diferença de resultado no uso de gráficos radiestésicos e dispositivos tridimensionais como pirâmides ou pilhas. Também sabemos por experiência que, por exemplo, o disco equatorial tem uma capacidade de emissão a distância muito limitada se não for usado algum amplificador ou acelerador para melhorar a qualidade da emissão.

De uma forma geral, no Brasil são utilizados dispositivos bem pequenos em comparação aos usados lá fora, ver Figuras 18 e 19.

Só para que o leitor tenha um referencial entre "potência e dimensão", por exemplo:

Uma pilha de 3 cm de diâmetro e com quatro elementos emite na área do quarto.

Uma pilha de 6 cm de diâmetro e com quatro elementos emite na da cidade de São Paulo.

Uma pilha de 8 cm de diâmetro e com quatro elementos emite numa área grande do Brasil.

Uma pilha de 12 ou 15 cm de diâmetro e com quatro elementos cobre a área do planeta.

As EDX – Emergências Devidas a Genitores Variados são emissões discretas de muito baixo potencial, são emissões contínuas (não ondulatórias), mas apresentando variações de intensidade.

A primeira constatação é de que não existe transmissão de energia a distância, apenas de informação.

Quando nos referimos à maior potência ou a diferenças de potência, na realidade trata-se de variações na qualidade da informação.

Segue exemplo por analogia.

Resultado da emissão a distância com o dispositivo Ref. 3 de baixa "potência" - Fig. 15

Resultado da emissão a distância com o dispositivo Ref. 3 de média "potência" - Fig. 16

Radiestesia Avançada - Ensaio de física vibratória 31

Resultado da emissão a distância com o dispositivo Ref. 3 de alta "potência" - Fig. 17

Variando o dispositivo de emissão podemos evoluir da Ref. 1 para a 2 e para a 3, contudo este será o limite da "potência" de emissão. Já o oposto nos levará a índices inferiores à Ref. 1, e até ao nível de emissão nula, em que a mesma não é mais identificável.

- A noção de campo neste ensaio é usada dentro do estrito conceito de espaço no qual acontece o evento analisado ou referido.

- Campo de Coerência, neste ensaio designa o conjunto de coerências de uma determinada disciplina, atividade, conjunto de estudos.

- Campo da Consciência, neste ensaio designa um conjunto de elaborações formando uma teoria ou um grupo de conceitos e uma unidade conceitual. Ou ainda a mente quando sob a ação de alguma emergência devida ao psiquismo.

Harmônicas sem frequências
Uma questão sem resposta: hoje em dia compreendemos as emergências em geral como energias de espectro contínuo, ou seja, não são de caráter ondulatório, não são frequências. No entanto também sabemos que quando de uma pesquisa com radiestesia o operador, dependendo de suas características de capacidade de captação, vai pegar a "nota" fundamental ou uma de suas harmônicas do testemunho em análise. Como existem harmônicas sem frequências? O

que de certa forma nos remete à física quântica com a dualidade onda-partícula. Até agora uma incógnita a resolver.

Por analogia a emissão ocorre como um líquido ou um gás saindo de um cano, ou ainda um carro andando. Ver hipótese... (no Capítulo III – O busílis da questão).

Ciclo de emissão

As Emergências Devidas a... têm uma emissão de espectro contínuo, porém segundo um ciclo determinado, o Ciclo de Emissão, assim composto:

Elevação
Decaimento
Estabilização

Quando montamos um dispositivo de EDF, a emissão não ocorre logo de imediato, num lapso de tempo variando entre 1 e 15 minutos a emissão se processa num nível crescente de "potência", é a fase de Elevação. Ao atingir seu ápice este nível começa a decair até atingir um patamar digamos de 20% e aí se estabiliza (Fig. 18).

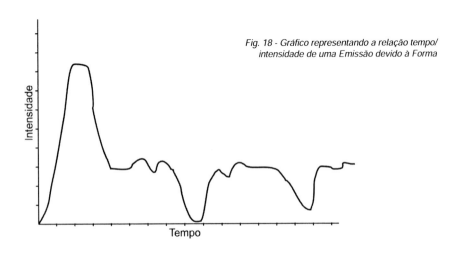

Fig. 18 - Gráfico representando a relação tempo/intensidade de uma Emissão devido à Forma

A fase de estabilização sofre ainda uma sequência própria segundo ciclos lunares, de energia telúrica etc. As variações próprias deste ciclo podem inclusive chegar a 0%, voltando, contudo, ao patamar máximo dos 20%.

O Ciclo de Emissão é o resultado de variantes do genitor, do ambiente, das influências cósmicas etc.

Nas fotos do laboratório de Bélizal, podemos ver Pilhas Radiestésicas, Emissor a Ondas de Choque e Bombas, todos de grandes dimensões (Figs. 19 e 20). Com instrumentos desse porte, os períodos do Ciclo de Emissão estarão em padrões energéticos muito mais elevados, assim como os perigos que daí advêm.

Na *Física Microvibratória*, há fotos de filmes sensíveis a raios gama impressionados por terem sidos expostos à radiação destes aparelhos. Também no interior de uma Bomba C30 a diferença de temperatura em relação ao exterior é de 15%. Em função disto

Fig. 19 - Pilha magnética "gigante"

Fig. 20 - Duas Bombas com respectivas pilhas cósmicas

Chaumery/Bélizal patentearam a Bomba na perspectiva de produzirem frio em escala industrial.

- Nas emergências devidas ao psiquismo temos, por exemplo, as emissões próprias das imagens sacras, dos altares das catedrais. Acredito que estas emissões tenham outros desdobramentos, com múltiplas localizações com emissões locais e a distância. Ainda nas EDP ocorrem frequentemente Transfers.

Os fenômenos psíquicos são uma realidade, interferem com o campo da consciência podendo gerar localizações múltiplas.
Algumas emergências podem funcionar como genitoras para outras.
Se definíssemos uma escala de abrangência, esta seria:
Do nível mais alto para o mais baixo
EDP
EDF
EDI
EDR
Elas podem interagir do nível mais alto para o mais baixo.
Ou seja, uma EDP pode interferir sobre uma EDF, assim como uma EDF pode interferir sobre uma EDI ou à Reação. Desta forma, temos mensagens "telepáticas" transmitidas a distância pelo uso de testemunho e pilhas radiestésicas ou pirâmides. Temos a alteração das propriedades químicas de banhos fotográficos pela aplicação de uma EDF etc.

Objetos
Os objetos com que lidamos em nosso dia a dia dividem-se em
Objetos Técnicos
Objetos Estéticos
Objetos Oníricos

Os objetos técnicos têm suas funcionalidades bem estabilizadas. São normalmente os objetos de nosso cotidiano.

Estritamente neste âmbito, funcionalidades e referências têm um significado semelhante.
Ex.: garfo, furadeira, caneta etc.

Os objetos estéticos têm algumas funcionalidades estabilizadas e outras ligadas ao valor estético representado e podem estar ausentes, em fuga ou estabilizadas, porém elas não são constantes e variam segundo o campo psíquico presente.
Ex.: jarra para flores, tecelagem de macramê, tatuagem etc.

Os objetos oníricos não têm funcionalidades ou estas estão em fuga. Também podem ser objetos virtuais.
Ex.: representação gráfica de sonho, patuá, bola de cristal, desenho de fadas, fotografias de OVNIS etc. A capacidade de compreensão destes conceitos permitirá uma investigação radiestésica mais ampla e sem erros.

Só o conhecimento e a compreensão da finalidade de um objeto permitem sua correta detecção e das características de sua interação com as energias circundantes.

O ponto de vista do observador

A ilustração a seguir pretende representar dois casos diferentes:
Na Ref. 1, dependendo da técnica usada para a detecção, o pesquisador poderá ter oculta a manifestação B.
No caso da Ref. 2, a escolha de um campo de coerência específico funcionará como uma estreita janela de observação, impedindo a visão mais ampla. Ao analisar fenômenos energéticos variados, é desejável não fazer uso de sistemas racionalistas pelo fato de os mesmos serem reducionistas. Contudo devemos voltar a eles quando da avaliação intelectual dos resultados da pesquisa (Fig. 21).

Na referência 1, o observador vê a figura A que oculta a figura B, portanto não visível.

O observador projeta a imagem de um determinado campo de coerência e logo são detectadas as EDX ou estados correspondentes projetados pela mente do operador ou localizados em função da egrégora.

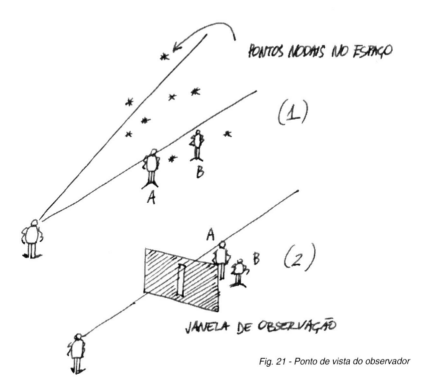

Fig. 21 - Ponto de vista do observador

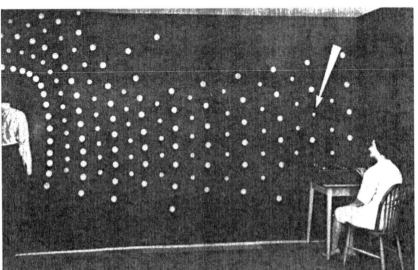

Fig. 22 - Pontos nodais no espaço

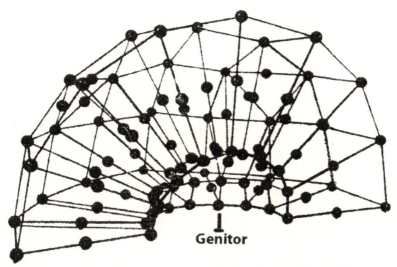

Fig. 23 - Estrutura de Pontos Nodais no espaço

Os pontos nodais no espaço ao redor da figura A irão produzir padrões energéticos diferentes conforme a localização do observador (Fig. 22 e 23).

Os pontos nodais no espaço são produtos do campo energético de seres vivos, de campos magnéticos e de ações psíquicas determinadas.

Um tipo de ponto nodal são as imagens radiestésicas.

A janela de observação da referência 2 permite a visão parcial da figura A e oculta a figura B.

Os pré-conceitos quando bem formulados são fundamentais no ato radiestésico da detecção, já o oposto, os mal fundamentados, conduz a análises errôneas. Nestes casos, o operador vai encontrar aqui o que supõe estar presente.

A simples presença do observador pode influir nos fenômenos em curso e em consequência alterar o resultado das análises. Alguns fatores determinam o resultado da pesquisa:
    massa do emissor;
    horário;
    local de uso;

aspectos astrológicos
fases da Lua;
localização – hemisfério/latitude;
condições físicas do local;
metodologia empregada na análise radiestésica.

Síntese
Eifs = Emergências, Influências e Formas. Conceito original da Fundação Ark 'All (em nossa exposição usamos a sigla de forma coloquial, em substituição à "onda").
EDF = Emergência Devida à Forma.
EDP = Emergência Devida a Psiquismo e a Fenômenos Metafísicos – é um Estado, suas referências localizadas ou não, ou em parte. Em razão da existência de arquétipos ou egrégoras, as referências podem se encontrar relocadas.
EDI = Emergência Devida à Indução – é uma Eif disparada por um genitor elétrico, magnético, sonoro, luminoso ou pelo movimento.
EDR = Emergência Devida à Reação – é um Estado. O genitor é uma reação química.
EDX = Qualquer um dos quatro genitores (Forma, Indução, Reação e Psiquismo).
Localização das referências = Todos os componentes da emergência são detectáveis.
Fuga das referências = Nos estados de origem psi, é comum as referências apresentarem esse comportamento.
Emergências = Passagem do estado potencial para o estado dinâmico.
Estado = Emissão que normalmente usa uma emergência como portadora e cujo espectro é incompleto.
Campo = Espaço no qual ocorrem as emergências.
Genitor ou Gatilho = Elemento ou fenômeno gerador de uma emergência.
Interceptor = Genitor ou Gatilho nas EDF.
Polaridade = Estado presente ou não no campo da emergência, positiva ou negativa.

Fases = Elétrica, Magnética ou indiferenciada, características de uma emergência. Parecem ser da mesma natureza, mas diferenciadas por seu sentido em relação a um ponto.

Níveis = Estados presentes em EDF

Cores = Denominação escolhida por Enel, Chaumery, Bélizal para definir cada uma das doze emissões características das emergências. Individualmente, são EDF.

Envelopes de EDX = São estados, presentes em certas emergências, por exemplo, as geradas por movimento.

Ciclo de emissão

Objetos técnicos = Respondem a funções predeterminadas.

Objetos estéticos = De funções subjetivas.

Objetos oníricos = Produtos do mundo imaterial.

Capítulo III

Para que lado fica o norte?

Uma dúvida sempre inquieta quem trabalha com radiestesia. Que norte usar? O geográfico, o magnético ou o de forma?

Primeira constatação. O norte verdadeiro não está relacionado com nenhuma força ou energia que possa afetar nosso trabalho, portanto a descartar.

Existe um campo magnético terrestre permanente e com um fluxo ou orientação bem determinado. Do sul para o norte.

Coincidência. – Em nossos equipamentos usuais a emissão se faz a partir do sul, por isso todos deverão ser alinhados para esta orientação.

O norte magnético varia conforme o local, a chamada declinação magnética:

São Petersburgo	08 este
Los Angeles	14 este
Rio de Janeiro	21 oeste
Buenos Aires	06 oeste.

"Trecho da *Física microvibratória* de Bélizal

Se orientarmos uma forma qualquer sucessivamente nas 12 posições de um círculo portando as 12 cores do espectro, a partir do *Norte magnético*, ela expressará passo a passo, e na ordem imutável, a cor/vibração correspondente à sua posição.

Por consequência, o *Norte magnético* está na base das "ondas de forma" e é uma regra fundamental a observar.

As "Ondas de Forma", por analogia com outras ondas vibratórias, apresentam as mesmas leis de *reflexão, difração ou refração*. Podemos testar com o auxílio de um espelho, de um painel ondulado ou de um prisma, e de um detector de forma.

O norte de forma preconizado por La Foye a 355° do norte magnético local está atrelado à orientação magnética local. Em nossa prática, em momento algum constatamos um aumento significativo da qualidade de emissão usando esta orientação.

Quer mais? Cada gráfico radiestésico emissor apresenta um ponto de sintonia com uma determinada direção que lhe é particular, 2 a 3 graus pra direita, 2 a 3 graus pra esquerda.

Ficamos então por exclusão de partes com o norte magnético. E depois na realidade não há a menor importância que seja para o norte ou para qualquer outro lugar aproximadamente, ou que estejamos alinhados, o que importa é que dessa forma estaremos utilizando o fluxo energético magnético natural, aumentando assim pelo menos, em teoria, a nossa capacidade de viajar a distância.

Uma recomendação, sempre que possível oriente seus instrumentos, mesmo aqueles que teoricamente não necessitam, esta é uma maneira de diminuir a influência dos desequilíbrios ambientais presentes.

A ironia cruel dos erros induzidos por uma falsa lógica

Um dos dispositivos radiestésicos mais admirados é o disco equatorial de Jean de La Foye, materialização dos eixos diretores do campo de forma. Porém o mestre pouco falou sobre o mesmo, apenas quatro páginas e meia no *Ondas de Vida...* (Fig. 24).

Logo nas páginas seguintes ele nos fala dos amplificadores e a imagem não nos deixa dúvidas, não podemos atribuir a dimensão expressa no desenho a um simples acaso ou erro de proporção, não,

Radiestesia Avançada - Ensaio de física vibratória

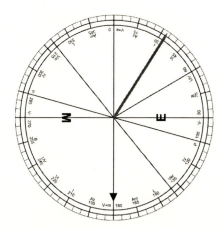

Fig. 24 - Disco Equatorial com agulha seletora de Jean de la Foye

La Foye nos deu aquela dimensão. Numa estimativa, teríamos madeiras empilhadas com um tamanho de 60x25x20 cm e uma tábua de acorde maior de 30x8x1,5 cm. No próprio texto, ele nos dá uma ideia de usar madeiras empilhadas com 1 metro x 0,20 m. Em virtude disto somos levados a supor que a capacidade de emissão do disco beira a "nula". O modelo baseado na utilização do eixo de emissão das letras do tetragrama é tão sutil que não passa do estado potencial para o dinâmico nem com reza (Fig. 25).

Dez anos após a publicação do *Ondas*, em 1985, num trabalho de Ravatin, lemos sobre outras possibilidades de amplificação, assim como o método de energização de líquidos e alusão ao uso de mais de uma agulha para emissões múltiplas.

Mais uma vez achamos meio esquisito. Havia algo errado.

A acreditar em Ravatin e em todos os radiestesistas locais, ao se colocarem duas agulhas no furo central do disco, orientado, teríamos a 180° duas emissões distintas, porém juntas, por exemplo, vermelho mag. e violeta mag.!!

Fig. 25 - Conjunto amplificador para emissores de O.F.

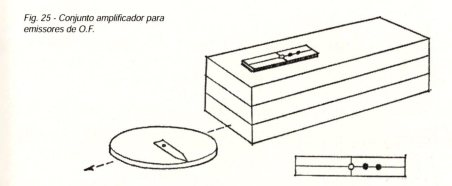

Fomos pendular, ops. A coisa é mais difícil do que pensáramos, o disco tem uma emissão tênue, para ser cortês com ele. Fraquinho.

Bom, e agora a surpresa. A emissão encontrada foi V-m!! (Fig. 26) Já que o oculto nos reserva as mais belas surpresas, continuamos.

E se colocássemos uma agulha a 270° no V-m, e outra a 45° no Vi e?

A emissão correspondente será a 175,5° entre A e L, em indiferenciado (eletromagnético). A emissão se faz no eixo de simetria (Fig. 27).

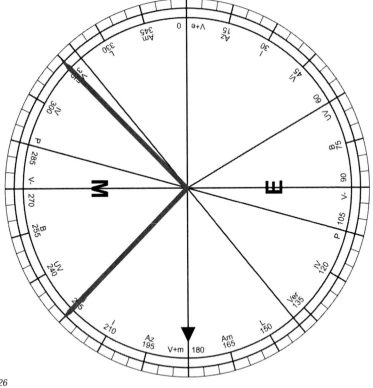

Fig. 26

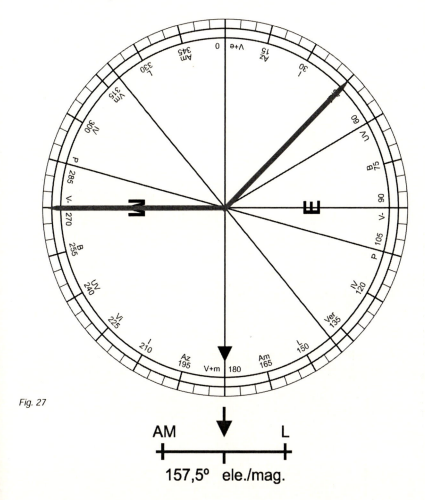

Fig. 27

Também a forma da agulha influencia a emissão.

Com uma agulha pontuda temos polaridade (+) sobre a agulha e polaridade (-) no prolongamento (Fig. 28).

Com uma agulha de ponta reta temos o oposto, polaridade (-) sobre a agulha e polaridade (+) no prolongamento (Fig. 29).

Não experimentamos com mais agulhas visto a pouca utilidade de mais do que uma única.

Ainda sobre o disco, para o leigo em fabricação, parece um artefato de fácil execução. O que não é verdade.

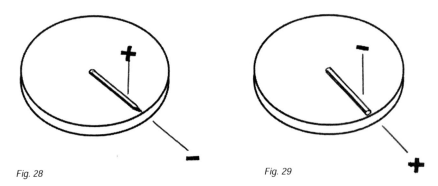

Fig. 28   Fig. 29

O funcionamento do disco está ancorado na espessura e profundidade dos cortes sobre os eixos diretores do campo de forma.

Fazer ranhuras sobre uma madeira ou plástico seguindo uma reta só com máquina (fresa).

No ponto central, no cruzamento de todos, normalmente o material quebra. Isto, aliado à baixa potência, fez-nos escolher outra opção do mesmo La Foye. O emissor "Têtard" (Embrião) amplificado.

É necessário um cuidado extremo ao projetar estes instrumentos, pois algumas vezes os resultados transcendem a lógica e o espectro de emissão não é nem um pouco o que imaginamos e as inversões são corriqueiras, com o vermelho invertido no violeta.

Vamos lá ao "Têtard" (Embrião).

O tamanho da base pode variar de 20 cm a 40 cm conforme a disponibilidade de espaço e a facilidade de transporte.

Ele é composto de uma base de madeira com as dimensões acima e um anel de fio de cobre com 1,5 a 3 mm de espessura com um pequeno prolongamento soldado nos 180°. Uma agulha com um formato determinado e sem ambiguidades, e um amplificador elétrico acionado por uma pequena bateria. Sem eixos diretores, sem hebraico, tipo a boa e velha radiestesia (Fig. 30).

Com o aparelho alinhado, os 180° virados para o sul, providencie algo com a mesma espessura da madeira do quadrado, coloque este suporte no prolongamento do sul e deposite aí o testemunho a ser analisado. A agulha sobre a metade do disco do lado

Radiestesia Avançada - Ensaio de física vibratória   47

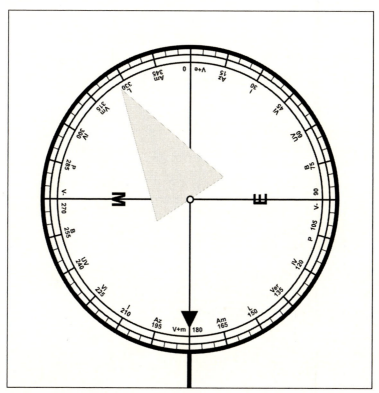

Fig. 30 - Emissor "Têtard, amplificável

"elétrico". Enquanto gira a agulha lentamente, mantenha um pêndulo neutro, daqueles com os dois traços no alto e sem "camisa" sobre o centro do aparelho. No momento da sintonia com a "onda doença", o giro do pêndulo vai se inverter de polaridade negativa (-) para positiva (+)

Vamos encontrar agora a "onda cura", coloque a agulha sobre a metade "magnética" e enquanto gira lentamente a agulha, mantenha o mesmo pêndulo neutro sobre o testemunho em análise. Quando a sintonia for estabelecida, a polaridade sobre o testemunho mudará para positiva (+) e sob o testemunho para negativa (-). Fácil moçada! (Fig. 31).

Giro horário do pêndulo neutro = polaridade positiva (+)

Giro anti-horário do pêndulo neutro = polaridade negativa (-)
Balanços para qualquer lado não significam nada.

Caso não tenha prática com os pêndulos expressando polaridade, insista, o resultado é melhor do que com o pêndulo egípcio.

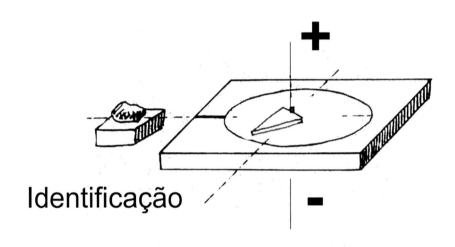

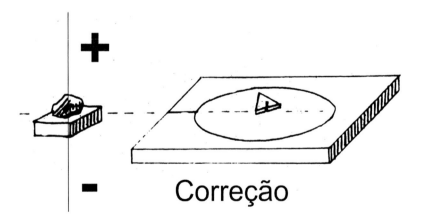

Fig. 31 - O emissor "Têtard" na prática

Espectro de emissões compreendidas entre o Preto e o Branco do equador Chaumery/Bélizal, para pesquisa e emissões.

- Aplicável ao Pêndulo Universal, ao Pêndulo Equatorial Unidade,
ao Pêndulo Espectro Global, ao Escargot Seletor e ao aparelho Têtard amplificado.

121,5	π	pi	
126	σ	sigma	
130,5	δ	delta	
135	o	omicron	| Rádio ondas cósmicas.
139,5	ι	iota	
144	φ	phi	
149,85	B	Branco	
153	ξ	épsilon	
157,5	κ	capa	
162	λ	lambda	
166,5	ψ	psi	| Radiação nociva, - Eletricidade atmosférica.
171	ρ	rho	| linhas elétricas, - Alta tensão, poluição eletromagnética.
175,5	ω	ômega	| aparelhos elétricos. - instalações de rádio.

A tabela continua na próxima página

180	V-	**Verde negativo**	
184,5	α	alfa	- Falhas telúricas a emanações magnéticas, ondas telúricas, Hartmann e Curry.
189	β	beta	- Emissão dos veios de água a emanações magnéticas, contamina. eletromagnética.
193,5	θ	theta	
198	χ	khi	
202,5	N	nu	
207	ζ	dzeta	- Radiação radioativa, radioatividade artificial.
210,15	**P**	**Preto**	
211,5	6		- Pedras, rochas, grés.
216	5		- Argilas.
220,5	4		- Cal.
225	3		- Areias.
229,5	2		- Aluviões, metais.
234	1(τ)	também chamado tau	- Água termais minerais.
239,85	**IV**	**Infravermelho**	
243	μ	mi	- Grutas subterrâneas.

Tratamentos:

	V-	Verde negativo	
180	V-	Verde negativo	
184,5	α	alfa	
189	β	beta	⎤ Usar preferencialmente
193,5	θ	theta	⎥ estas duas emissões.
198	χ	khi	⎥ Trata tumores, tumescências.
202,5	Ν	nu	⎥
207	ζ	dzeta	⎦
210,15	**P**	**Preto**	

Usar emissão alfa (184,5) ionizada com sulfato de cobalto ou ouro.
Para câncer, usar Raio Pi de Enel a 186,15.

Qualquer organismo com câncer apresentará um índice de radioatividade (V-) de 80 a 90%. Antes de iniciar o tratamento, reduzir o índice de radioatividade abaixo de 65% com aplicação de V+.

149,85	**B**	**Branco**	
153	ξ	épsilon	
157,5	κ	capa	⎤ Usar preferencialmente
162	λ	lambda	⎥ estas duas emissões.
166,5	ψ	psi	⎥ Trata tuberculose e doenças similares.
171	ρ	rho	⎥
175,5	ω	ômega	⎦
180	**V-**	**Verde negativo**	

Usar emissão psi (166,5) ionizada com ouro, prata ou ferro.

Geobiologia:

155		Falhas, cavidades, vazio fechado.
141,5		Vazio fechado na construção.
264		Vazio aberto.
De 184,5 a 189		Tensão geopática.
De 153 a 175,5		Radiações nocivas emitidas por linhas de força de alta tensão e aparelhos elétricos conectados à força. Também eletricidade atmosférica.
193,5	θ	theta — A radioatividade, emanações nocivas de TV.
198	χ	khi | Raios — Impregnações nocivas sobre pessoas ou seus testemunhos.
202,5	Ν	nu | Gama — campos elétricos no solo decorrentes da presença de água.
207	ζ	dzeta — em rochas e areias.
207	ζ	dzeta — A radioatividade sob todas as suas formas.

A aplicação da emissão V- na gasolina aumenta a octanagem melhorando o rendimento do motor.
Também a aplicação de uma EDF num revelador fotográfico aumenta a latitude de pose.
A aplicação de uma EDF numa bebida melhora o paladar.
A energização de água com uma EDF cria propriedades terapêuticas na água. A cor aplicada varia conforme a finalidade.

Fig. 32 - Pilha energizada

Você conhece a prática de emissão por meio de uma pilha radiestésica (magnética), pilha de quatro elementos, testemunho de foto ou cabelo, e como corretor algum remédio, tudo perfeitamente alinhado para o sul, como manda o figurino?

O seu alvo está distante? Para isso propomos uma solução: a pilha radiestésica energizada. Este conjunto por sua intensidade de emissão requer um cuidado adicional. Não dá pra ligar e ir passar o fim de semana na praia. Precisa orar e vigiar... (Fig. 32).

O busílis da questão

Uma coisa nos parece clara quanto à transmissão a distância, há aí dois fenômenos conjugados, tão intimamente ligados que, à primeira vista para todo o mundo, parece ser um só.

Vamos à divisão das coisas. Os dispositivos de emissão, quer sejam os gráficos radiestésicos, aparelhos psicotrônicos, radiônicos ou outros, apenas são os catalisadores de um evento. Ao montarmos o gráfico de "emissão a distância" com todos os seus parametros, testemunho, corretor principal, corretores secundários, um cristal etc., apenas estamos montando as premissas de uma sintonia entre todos os atores do evento. Todos presentes e devidamente ordenados dentro de um script já conhecido. Assim o trabalho montado tem em estado potencial as informações para estabelecer uma ressonância com o objeto do trabalho, seja ele o que for. Neste momento, fica claro que não pode ser o gráfico o transmissor e portador da informação a distância.

Relembrar – testemunho em radiestesia é algo que de alguma forma tem ou se identifica com aquilo que representa. Uma das premissas da radiestesia chama a isso de raio testemunho ou raio união.

O fato insólito da transmissão a distância vem sendo denominado até hoje de:
Ether;
Campo mórfico;
Energia quântica.

Ao longo dos tempos o homem vem acreditando em coisas variadas que de alguma forma estão relacionadas com a possibilidade da transmissão de informação a distância, sejam elas Deus, a boa sorte, o olho gordo, o poder da oração etc.

Nós acreditamos num modelo de universo holográfico particular, uma espécie de modelo simplificado, um modelo informacional.

Todos os múltiplos modelos existentes sofrem da mesma patologia: a tentativa de tudo explicar o que em si já é uma contradição, pois, como modelos, são por natureza reducionistas e por ideal são universais, já que é compadre ou uma coisa ou a outra.

Vamos fugir dessa armadilha e nos concentrarmos num modelo limitado referente estritamente à propagação da informação.

Em tom de piada chamamos a isso de a "partícula oculta". Acreditamos ser função não descrita, não conhecida, de alguma das múltiplas "partículas" existentes, um méson, um quark, um bóson, um átomo de hélio, um átomo de hidrogênio, sim, porque não hidrogênio, a nossa holomatéria.

Continuando a especulação, também pode tratar-se de uma partícula desconhecida, o Merk, por exemplo, de Mercúrio, a partícula socializada, a partícula das comunicações, capaz de saltos quânticos, capaz de ser onda e partícula. Ansiosa por unir duas coisas da mesma natureza, ainda que expressas por testemunhos de origens diferentes. Capaz de ser tão inteligente que faz a conexão entre uma assinatura e seu autor, distante muitos quilômetros, também entre as duas metades de uma maçã, num mundo com milhões de maçãs. É o nosso Merk.

Claro que não vamos extrapolar a coisa e classificá-la como a partícula de Deus, o elo perdido, a Gênesis. Esta não é uma "partícula" pretensiosa, não é quântica.

A crer na hipótese do universo holográfico temos em qualquer lugar onde estejamos uma espécie de representação holográfica do sujeito, bastando para isso um testemunho que o representa. Ou muitos testemunhos e múltiplas representações.

Ficou claro para nós que a portadora da informação é algo relacionado com uma capacidade energética muito superior a uma simples lâmina de plástico com um grafismo impresso ou então uma pequena caixa preta com uma série de botões. A caixa preta apenas prepara a mensagem, quem a entrega é o "Merk".

Quando uma foto holográfica é iluminada por um laser, a imagem se refaz, visível de todos os lados, misteriosa, impressionante. Se cortarmos o filme no meio e de novo no meio continuaremos tendo a mesma imagem completa. No entanto, à medida que o tamanho da película diminui a imagem torna-se cada vez mais nebulosa. Isso faz-nos lembrar um exemplo anterior com as fotos da moça.

Entender o modelo holográfico simplificado como uma metáfora.

Pequeno artigo de Jean de La Foye
Encontramos um pequeno artigo de Jean de La Foye que achamos proveitoso traduzir. O deixamos tal qual, sem adequar as expressões em desuso, assim como alguns conceitos que não estão de acordo com o conteúdo deste ensaio. O artigo é dos anos 1970 e não sofreu atualização.

Radiônica e Ondas de Forma

"Pura suposição: Seu cachorro está com pressão alta. Assim indicou seu pêndulo.

Em vez de drogar diretamente o animal você decide orientar sobre uma mesa um gráfico emissor *ad hoc*, colocando sobre ele uma impregnação de remédio para pressão e finalizando com o testemunho do bicho, pelos, fotografia etc., e você aguarda.

Que o resultado seja positivo ou não, você fez radiônica. Sem procurar pelo no ovo sobre a etimologia da palavra radiônica, é aceito que se refere a uma atividade precisa. Aquele que se entrega à radiônica é um indivíduo que pratica influência a distância sobre um ser vivo, planta, animal ou humano, por processos em principio lícitos e reprodutíveis.

A radiônica tem firmes adeptos e praticantes na França, mas sobretudo nos países anglo-saxônicos, na Bélgica e outros. Existem há bastante tempo aparelhos de radiônica, gráficos emissores etc., mas que parecem estar relacionados com o empirismo sem que uma solução geral surja.

Pessoalmente, não sou um praticante deste ramo tão especial, tenho mesmo uma tendência a me preservar. No entanto a familiaridade com as ondas de forma me deu uma luz sobre a questão: é um fenômeno de ressonância vibratória, nisso não estou ensinando nada novo a alguém.

Princípios em jogo

Existe ressonância entre duas entidades estabelecendo entre elas um raio chamado "união" que utiliza o LARANJA (onda de forma) como onda portadora. É uma constatação, não uma explicação.

Os emissores de ondas de forma em geral produzem este raio união entre um testemunho e um sujeito quando emitem uma onda curadora bem definida, por exemplo. Detecta-se então Laranja sobre o trajeto sujeito-testemunho.

Obtém-se ainda mais seguramente a ligação sujeito-testemunho quando o emissor é concebido para emitir Laranja. Esta cor é a onda de transferência por excelência, aquela que parece produzida pela reunião sobre o mesmo eixo de saída dos componentes N-S e L-O do campo vital.

Esta ida e vinda destas duas vibrações gera sobre o raio união um V-e. Não é simples.

Podemos supor, pura hipótese, que a telepatia inconsciente serve-se de uma onda portadora Laranja que se produz em condições psíquicas ainda mal definidas.

Os emissores

Muitas formas são passíveis de operar esta transferência, mas nem todas conduzem a um resultado benéfico, o único admissível: nós não somos bruxos.

Convém eliminar todas as formas emissoras que chamo de "mágicas" porque elas fazem girar o pêndulo hebraico K Sh Ph (Magia), o qual é Laranja. Estas formas que não têm polaridades transversais Leste-Oeste fazem rodar de 180° graus o espectro do equador Chaumery/Bélizal: o Vermelho passa para o Leste, o Violeta para o Oeste, o V+ ao Norte, o V- ao Sul etc.

Só são admissíveis as formas que conservam, desde o início, o equador Chaumery/Bélizal no seu eixo natural, aquele que observamos sobre o tronco da árvore equilibrada.

Eis aqui duas:
1) Um retângulo de cartolina, por exemplo, tendo desenhado, um eixo longitudinal e um eixo transversal passando a 17/26 do comprimento do primeiro (Fig. 33). O cruzamento dos dois eixos é furado e é lá que é colocado o corretor. O testemunho será colocado no eixo de saída da emissão, no T.

Detecta-se o raio de união qualquer que seja a orientação do retângulo.

2) A forma (Laranja) obtida de um ideograma da ilha de Páscoa, tendo o cuidado de adicionar os traços entre o topo dos triângu-

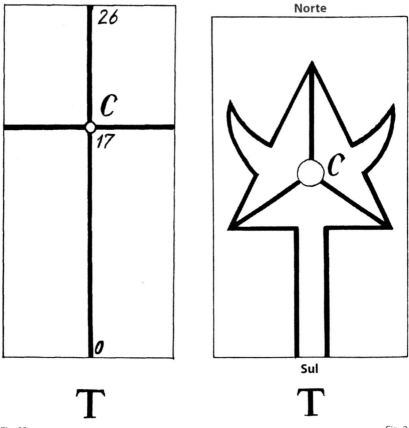

Fig. 33   Fig. 34

los e o ponto central (Fig. 34). Este ponto é furado e lá será colocado o corretor.

    Quanto ao testemunho, nós o colocaremos no ponto T, no eixo de emissão.

    Esta forma exige ser orientada Norte-Sul.

    Utilização prática das formas. Como utilizar as formas emissoras?

    Coloca-se o corretor (cor, forma, remédio, frase escrita etc.) sobre o ponto sensível da forma emissora e o testemunho no eixo de emissão, eventualmente com uma orientação privilegiada pesquisada com o pêndulo.

Uma vez o raio de união estabelecido, o que demanda alguns segundos, detecta-se sobre este raio a emissão portada do corretor. Também, se a correção é adequada, encontra-se à volta do testemunho um espectro característico (Fig. 35). Ao Norte, Azul elétrico e a fase elétrica do Eq. Ao Sul, as mesmas cores em magnético. A Leste, o Nó de Vida elétrico e o Preto elétrico. A Oeste, as mesmas cores em magnético.

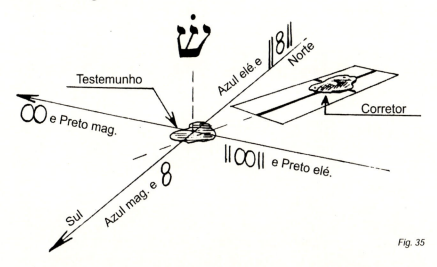

Fig. 35

Para funcionar efetivamente, não há necessidade de potência. Para disparar o sinal, uma forma emissora desenhada sobre papel é o bastante. É o sujeito mesmo que utiliza suas próprias fontes de energia e deve-se parar a emissão antes que o sujeito esteja saturado, enquanto o raio de união for positivo, antes que ele se torne negativo.

Aproveitando, é bom dizer que não se deve agir sobre uma pessoa viva sem sua concordância.

Cuidado. – É bom nos conscientizarmos da realidade da ida e volta entre testemunho e sujeito, entre emissor e receptor.

Se o corretor é puramente material, uma forma, um remédio, uma cor, por exemplo, o operador indiferente permanece fora da experiência. No entanto, se este adiciona sua intenção, se usa uma frase escrita à guisa de corretor, que se cuide. Ele está no circuito e corre o rico do efeito "boomerang".

O espectro das EDF

Todos os pêndulos cromáticos apresentam pequenos problemas com seu manuseio. Procuramos há mais de uma década uma solução para o problema. Queríamos algo leve, pequeno, de fácil regulagem, bom de produzir, sem furos sem componentes internos difíceis de colocar e sem muitas marcações.

Finalmente em 2011 chegamos a uma síntese que agora apresentamos. Um pouco menor que o Universal clássico, separando as duas fases, magnético com o branco para cima e elétrico com o branco para baixo. Ao detectarem-se as duas fases sobre um testemunho ou forma etc., é indicativo de fase indiferenciada. O fio passante permite mudar de uma fase para a outra pela simples troca do lado do fio de suspensão. As 12 cores são selecionadas pelo já clássico anel na altura do equador, com índex (Fig. 36).

Nós o batizamos de Espectro Global.

Um pouco mais para a frente vamos fazer um exercício básico de detecção de EDF, para o qual vamos precisar dos seguintes pêndulos:

Ponteiro, de preferência modelo La Foye.

Pêndulo "elétrico verdadeiro": trata-se da EDF relacionada com os fenômenos elétricos, independentemente das fases (Fig. 37). A graduação no disco para o elétrico verdadeiro é: 108° 26´ 06´´, aproximadamente 108°,5.

Pêndulo "magnético verdadeiro": (Fig. 38) a EDF própria do magnetismo verdadeiro encontra-se a 198° 26´ 06´´ ou, aproximadamente, 198°,5.

Pêndulo "eletromagnético verdadeiro": (Fig. 39)

Radiestesia Avançada - Ensaio de física vibratória

Fig. 36 - Pêndulo Espectro Global
Pesquisa as 12 cores e duas fases

Fig. 37 - O "elétrico verdadeiro"

Fig. 38 - O "magnético verdadeiro"

Fig. 39 - "O eletromagnético"

Fig. 40 - Conjunto de pêndulos para pesquisa

Pêndulo para polaridade positiva (+) e **Pêndulo para polaridade negativa (-).**
O pêndulo de polaridade (+) tem a espiral no sentido antissaca-rolha e o de polaridade (-) a espiral é no mesmo sentido do saca-rolha (Fig.40).

Sobre uma mesa (não metálica) prenda com durex uma folha de papel branco, faça um pontinho no meio, sobre ele coloque a parte reta de um lápis novo.

Use o pêndulo (+) com o indicador livre, aponte a ponta do lápis. O pêndulo deverá girar. Repita a operação agora com o pêndulo (-) sobre a ponta reta do lápis.

Você acabou de reconhecer a polaridade própria da forma. Atenção, esta polaridade pode se inverter no espaço no prolongamento do eixo. É o caso dos aparelhos emissores em compensado cuja borda inverte a polaridade da madeira.

Faça uma circunferência virtual cujo raio é o lápis, use o ponteiro sobre ela e o pêndulo magnético verdadeiro. Vá lentamente à volta da circunferência até o pêndulo rodar, faça aí uma marquinha. Repita a operação tantas vezes até estar convencido do bom resultado. Faça agora a mesma operação com o pêndulo elétrico verdadeiro. Retire o lápis e com uma régua faça uma linha unindo os dois pontos opostos encontrados.

É necessário que tenha sido bem-sucedido neste exercício, pois o resto depende deste resultado. Em caso negativo refaça tudo num próximo dia (Fig. 41).

Colocando uma bússola no centro do papel vai perceber que o traço está desviado 5° anti-horário, portanto a 355° da bússola.

Trace agora uma perpendicular passando pelo ponto central do papel. Este é o eixo Leste-Oeste da nossa EDF.

Recoloque o lápis em sua posição original, isto é, sem orientação determinada.

Teste a polaridade do lado direito da reta N-S – polaridade positiva (+).

Radiestesia Avançada - Ensaio de física vibratória   63

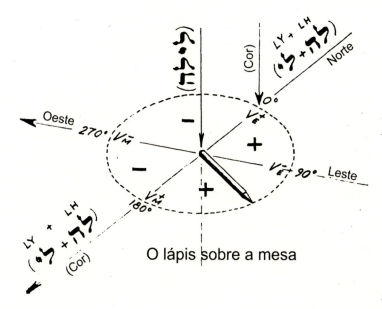

O lápis sobre a mesa

Fig. 41

Faça o mesmo agora do lado esquerdo – polaridade negativa (-).

Assim detectamos o elétrico verdadeiro e o magnético verdadeiro sobre o eixo Norte-Sul no espaço, para lá da mesa, o que vai nos facilitar a marcação sobre este mesmo eixo da altura e da direção das emissões seguintes de cores tanto ao Sul como ao Norte.

Ser-nos-á possível com a prática detectar uma emissão devido à forma com a mão livre, os dedos ligeiramente separados e a palma dirigida para a emissão. Um pouco de radiestesia mental ajudará.

Para maior precisão, use um lápis, ou melhor ainda, o ponteiro recomendado.

Vamos utilizar agora o Pêndulo Universal.
Apontar o bico do lápis deitado sobre o papel, sucessivamente, para os quatro pontos cardeais, campo das EDF (Fig. 42).

Ponta para o Sul: você vai encontrar:
V+m sobre o eixo N-S do lápis. É possível detectar melhor a emissão a dois ou três metros do que bem próximo.

V-m **acima** do eixo N-S, ao Norte do lápis e bastante perto.
Poderá constatar também que o pêndulo elétrico verdadeiro não reage, só o magnético. Esta cor é exclusivamente magnética.
Enfim, as polaridades sobre o eixo N-S no espaço são (-) ao Sul e (+) ao Norte do lápis.

Ponta para o Norte:
V+e **sobre** o eixo N-S ao Sul do lápis.
V+e **acima** do eixo N-S ao Norte do lápis, bem perto deste.
Como anteriormente só reage em magnético.
Polaridade (+) ao Sul e (-) ao Norte do lápis, sobre o eixo no espaço (Fig. 43).

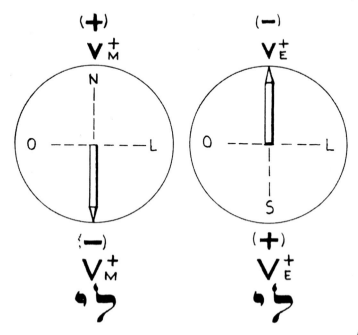

Fig. 42   Fig. 43

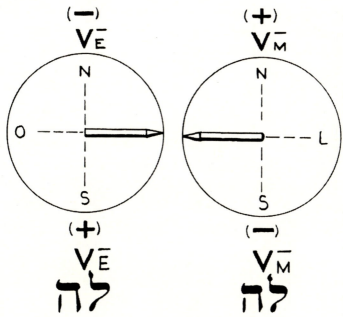

Fig. 44 Fig. 45

Ponta para o Leste:
V-e **sobre** o eixo N-S ao Sul do lápis.
V-e **acima** do eixo N-S ao Norte do lápis e bem perto deste.
O pêndulo elétrico não gira, unicamente o elétrico o faz. Esta cor é somente elétrica.
As polaridades do eixo N-S são (+) ao Sul e (-) ao Norte do lápis no espaço (Fig. 44).

Ponta para o Oeste:
V-m **sobre** o eixo N-S ao Sul do lápis
V-m **acima** o eixo N-S ao Norte do lápis e bem perto deste.
Reações somente em elétrico.
Polaridade sobre o eixo N-S (-) ao Sul e (+) ao Norte do lápis (Fig. 45).

Estas quatro direções cardeais são aqui os dois eixos horizontais principais do campo das EDF, sobre o eixo exclusivamente magnético Norte-Sul e eixo exclusivamente elétrico Leste-Oeste. Sobre o resto do círculo horizontal descrito pelo lápis, toda a EDF é um composto eletromagnético que faz reagir **separadamente** os dois pêndulos: "elétrico" e "magnético", verdadeiros sobre o eixo Norte-Sul ao Sul.

Salvo duas emissões diametralmente opostas, que não fazem reagir nem o elétrico nem o magnético, separadamente ou junto.

Uma destas EDF encontra-se a 59° 02´ 11´´, ou seja, praticamente a 59°, se desejar usar um Pêndulo Universal ou outro equivalente a um grau do UVe para o Norte. Podemos detectá-la com a palavra hebraica LYLH. Você a encontrará na vertical, acima da ponta reta do lápis. Podemos supor que é o eletromagnético indiferenciado antes que ele se divida em magnético e elétrico, ou seja, o eletromagnético em "potencial", não ainda em estado dinâmico.

A outra EDF está no sentido oposto a 239°, aproximadamente o que corresponde à palavra hebraica hAWR (a Luz).

A pesquisa nos 360° virtuais da ponta do lápis nos faz entrar em ressonância com uma quantidade de fenômenos, possibilitando a análise de testemunhos, tudo a partir de um lápis comum. Acessamos assim o que podemos denominar campo das EDF, definindo três eixos perpendiculares no espaço:
Um eixo Norte-Sul somente magnético verdadeiro: LY.
Um eixo Leste-Oeste somente elétrico verdadeiro: LH.
Um eixo vertical eletromagnético indiferenciado: LYLH.

O instrumento que viabiliza esta atividade, completo e amplificado, é o "Têtard" na versão apresentada em páginas anteriores.
Os dois conceitos de detecção em radiestesia.
Dois paradigmas aparentemente contraditórios.
1°) a chamada radiestesia física.
2°) a chamada radiestesia mental ou mentalista

1º) Toda a mensuração em radiestesia relacionada com energias de caráter físico – tudo o que se for medir que tenha existência física, qualquer que seja ela, formas, ondas eletromagnéticas etc.
O radiestesista por meio de uma ordem mental, por determinação, deve se esforçar para captar as energias presentes.
Executar uma série de exercícios para adquirir o domínio da técnica.

2º) Já a radiestesia denominada de mental ou mentalista permite a detecção de todos os temas de caráter subjetivo, exemplo na seleção de pessoal, pesquisas metafísicas com pêndulos comuns.

Só uma seleção mental apurada permite a passagem de uma para a outra perspectiva.

É necessário um razoável esforço para que a detecção aconteça o mais possível em nível físico. É necessário captar o que está ali presente, não as implicações eventuais da forma ou testemunho com outros aspectos energéticos.

Fica muito claro para qualquer um que tanto a radiestesia "física" quanto a "mentalista" se processam na mente do operador e que só por meio de uma convenção mental imposta propositalmente pelo operador se passa de um estágio para o outro com toda a seleção mental implícita.

O esforço para trabalhar em "físico" se propõe a desprezar todas as influências externas, todas as implicações energéticas, focando o operador estritamente nos conteúdos "físicos".

O trabalho em mental projeta o operador para além dos limites físicos do testemunho em análise.

À guisa de conclusão

Até nós, um pouco céticos por condição, uma vez por outra nos deixamos levar pelas fantasias alheias de que são permeadas as obras mais ou menos clássicas da radiestesia.

Existem variados fatores conhecidos em geobiologia causadores de distúrbios.

É prática corrente entre os "geobiologistas" classificá-los de atacado e promoverem correções e "curas" de atacado também. Na realidade, os distúrbios têm causas variadas e eventuais correções devem ser orientadas para cada uma das variantes. Vejamos algumas:

Origem telúrica, correntes de água, falhas ou cavidades, descontinuidade de materiais, radioatividade;

Localização do imóvel e sua orientação;

Arquitetura e as emergências devidas à forma;

Construção, materiais poluentes e não aterrados;

Instalação elétrica e hidráulica;

Poluição ambiental variada;

Desequilíbrios psíquicos dos moradores;

Influências metafísicas.

Em mais de 50 anos de pesquisas os Drs. Hartmann, Rothdach e Aschoff constataram a ineficácia dos compensadores à venda no comércio. Alguns efeitos podem ser sentidos momentaneamente, mas desaparecem rápido. Alguns desses instrumentos inclusive aumentam a desarmonia existente. Estas afirmações são respaldadas em inúmeros testes com o georitmograma do Dr. Hartmann e nas análises de sangue efetuadas pelo Dr. Aschoff.

"A melhor proteção em relação a uma zona geopatogênica e sobre a qual está uma cama consiste em deslocar a cama para uma zona não perturbada. Não existem aparelhos ou sistemas, permitindo compensar de maneira durável os efeitos causados pelas zonas geopatogênicas".

Dr. Ernst Hartmann

Radiestesia Avançada - Ensaio de física vibratória 69

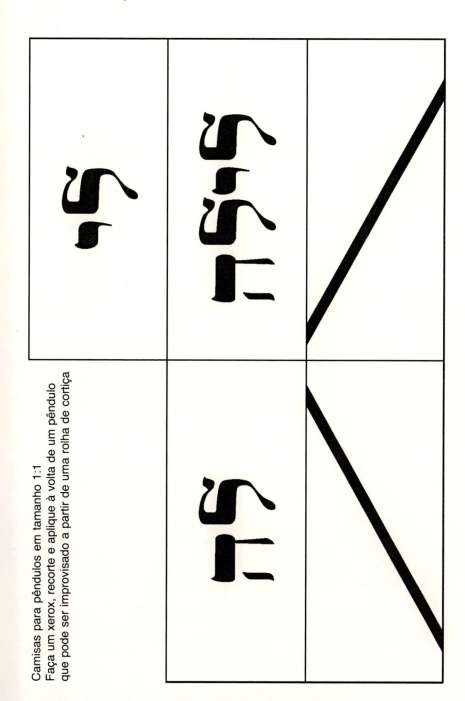

Camisas para pêndulos em tamanho 1:1
Faça um xerox, recorte e aplique à volta de um pêndulo que pode ser improvisado a partir de uma rolha de cortiça

Amplificação elétrica

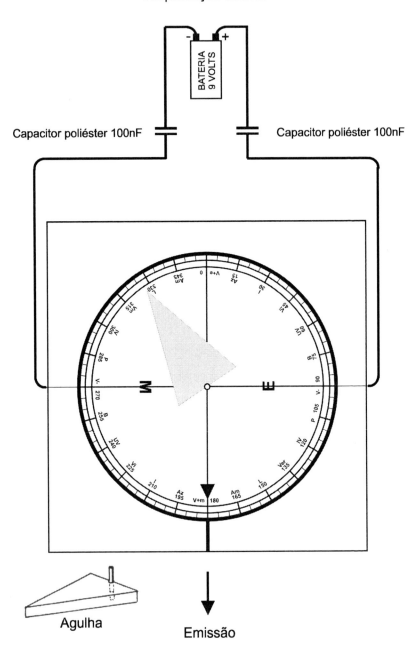

Ao lado apresentamos o projeto de um emissor "Têtard", amplificado. O consumo da bateria é insignificante. Caso deseje pode acondicionar os componentes em uma pequena caixa de plástico e adicionar um interruptor para facilitar o uso. A ligação entre o cabo e o fio de cobre grosso do "Têtard" deve ser realizado com fio mais fino, soldado se possível.

Abaixo uma outra versão do "Têtard" melhorado, dispensa orientação para o Norte. A amplificação elétrica pode ser implementada.

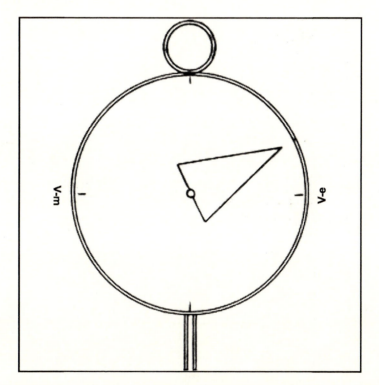

António Rodrigues – o autor ministra regularmente cursos de formação em radiestesia, radiônica e geobiologia.
www.mindtron.net
mail@mindtron.net

CONHEÇA OUTROS LIVROS DA EDITORA ALFABETO

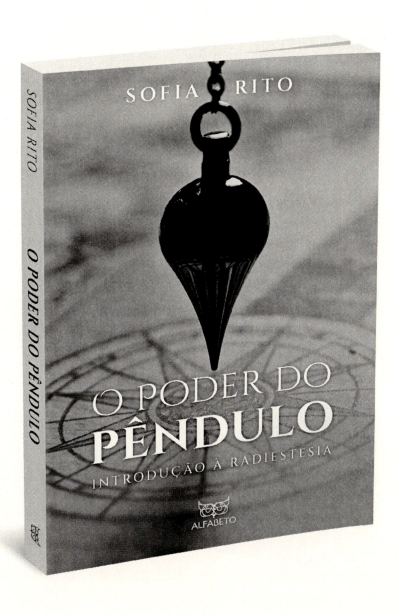

CONHEÇA OUTROS LIVROS DA EDITORA ALFABETO

CONHEÇA OUTROS LIVROS DA EDITORA ALFABETO

CONHEÇA OUTROS LIVROS DA EDITORA ALFABETO

CONHEÇA OUTROS LIVROS DA EDITORA ALFABETO

CONHEÇA OUTROS LIVROS DA EDITORA ALFABETO

CONHEÇA OUTROS LIVROS DA EDITORA ALFABETO

CONHEÇA OUTROS LIVROS DA EDITORA ALFABETO

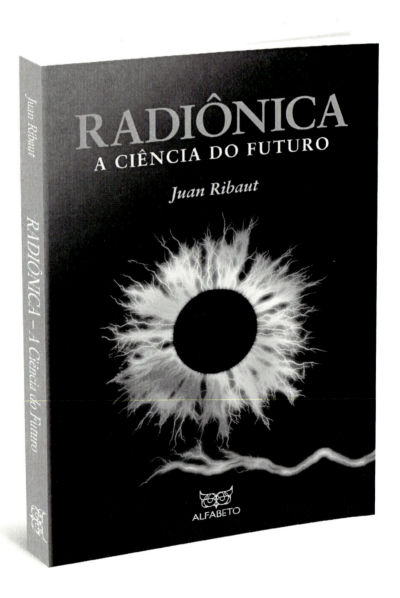